作物病虫草害防治歌诀

（彩图版）

张同化　赵　斌　李建军　主编

中国农业出版社
农村设物出版社
北　京

图书在版编目（CIP）数据

作物病虫草害防治歌诀：彩图版 / 张同化，赵斌，李建军主编 .—北京：中国农业出版社，2021.6（2021.12 重印）

ISBN 978-7-109-28145-5

Ⅰ.①作… Ⅱ.①张… ②赵… ③李… Ⅲ.①作物—病虫害防治②作物—除草 Ⅳ.①S43②S45

中国版本图书馆 CIP 数据核字（2021）第 068411 号

中国农业出版社出版

地址：北京市朝阳区麦子店街 18 号楼

邮编：100125

责任编辑：廖　宁

责任校对：吴丽婷

印刷：中农印务有限公司

版次：2021 年 6 月第 1 版

印次：2021 年 12 月北京第 2 次印刷

发行：新华书店北京发行所

开本：880mm×1230mm　1/32

印张：3.5

字数：100 千字

定价：29.80 元

主　编　张同化　赵　斌　李建军

副主编　任佰朝　王晓弟　孟凡胜

朱向艳　于慎兴

参　编（按姓氏笔画排序）

马永利　王　燕（兖州区农业农村局）

王　燕（郯城县农业农村局）

王巧云　王洪涛　牛绍军

任金花　刘英伟　孙士坤

孙传军　纪绍兰　李　军

李　勇　李友亮　李海彦

杨爱友　吴夫坤　吴长路

吴秋平　宋向颇　张　霞

岳永超　侯　坤　高春艳

高振佳

前言

病虫草害指危害农作物生长过程中的虫害、病害和草害的总称。据统计，全国范围内能造成生产影响的病虫草种类有100多种，每年因病虫草危害造成的粮食减产在20%～30%，经济损失严重。病虫草害的有效防治关系着农业经济发展以及人类的生存健康。病虫草害的防治应坚持预防为主、综合防治的原则并坚持综合防控和科学协调防控相结合的原则。目前，农民对于病虫草害绿色防治意识淡薄，更加重视化学防治措施，因此，目前我国的病虫草害防治仍然是以化学防治为主的综合防控。但是随着国家对生态环境的重视，绿色防控技术在我国病虫草害防治中扮演越来越重要的角色。

“十三五”期间，国家重点研发计划“粮食丰产增效科技创新”重点专项——“山东旱作灌溉区小麦-玉米两熟全程机械化丰产增效技术集成与示范”项目大面积实施，在优化集成技术模式过程中，病虫草害绿色防控技术是重要支撑技术之一。项目实施过程中，为提高农业技术培训效果，开展了一系列农民技术培训。培训过程也发现一些问题：老师讲理论农民不愿意听，吸收理解难，培训效果不理想；部分农业技术推广人员，或对农作物病虫害不了解，或对农药不了解，不能有效指导农民进行精准防治。为解决上述问题，我们组织植保专家、农学专家及各地基层农技人员，以郯城县农业技术推广中心的高级农艺师张同化为主要编者，针对生产中常见的作物病虫草害，结合生产实际，并查阅相关科研资料，以歌谣的形式编写《作物病虫草害防治歌诀》一书。为体现科学性和广适性，成书过程中广泛征求了众多农业管理部门、植保专家、技术人员和科技示范户的意见，力求内容丰富全面。

本书包含各种作物的病虫草害防治歌谣共62篇，涵盖了小麦、玉米、水稻、花生和瓜果蔬菜的各种常见病虫害。按作物种类、生产管理环节编写，介绍每个生产环节病虫草害的危害及其症状、传播途径、预防措施和防治方法。采用歌谣并配图的形式，简明扼要、主次分明，力求做到图文并茂、语言朗朗上口、通俗易懂、可操作性强。

希望本书能够为各级管理部门和广大基层农技推广人员、科技示范户、种粮大户及农资营销人员提供技术指导，也可作为基层农业技术推广培训用书。

由于水平有限，疏漏之处在所难免，敬请广大读者批评指正。

编　者

2021年1月

目录

第一章　小麦病虫草害防治歌诀

一、小麦种子处理

每年小麦播种前，种子处理必须干。
首先晒种两三天，然后用药把种拌。
苯醚（甲环唑）戊唑（醇）咯菌腈，杀菌成分第一选，
种子带菌全杀完，土中病菌少感染，
根部病害很少见，其他病害轻发展。
吡虫（啉）噻虫（嗪）呋虫胺，杀虫成分第二选，
种子吸收体内传，持效长达二百天，
地下害虫都完蛋，蚜虫飞虱也少见。
芸薹（素内酯）复硝（酚钠）胺鲜酯，调节成分第三选，
播种之后芽率高，根好苗好分蘖好。
选购药剂仔细看，登记包衣（或种子处理）必须选，
三种成分配齐全，足量使用保安全，
提前拌匀再晾干，勿等急种再去拌。
拌种成本虽然添，事半功倍还增产。
近年农药有改变，杀虫缓释颗粒现，

与种混播虫不见，只需杀菌（剂）调节（剂）拌。

包衣后的小麦种子

小麦播种前，必须要进行种子处理。播种前 7～10 天，选晴好天气晒种 2～3 天，以去潮气，打破休眠，提高种子发芽率。然后再用杀虫和杀菌成分种衣剂，将种子包衣。小麦根部病害发生严重的地块，必须使用杀菌剂，如苯醚甲环唑、戊唑醇或咯菌腈等药剂拌种；地下害虫危害严重和须防治蚜虫的地块，要用含杀虫剂成分（如吡虫啉、噻虫嗪或呋虫胺等）的药剂拌种，或者使用杀虫缓释颗粒剂与小麦种子混合播种。

二、小麦赤霉病

小麦烂头赤霉病，镰刀真菌赤霉属。
早发苗枯茎基腐，后发秆腐和穗腐。
穗腐直接减产量，人畜食后会中毒！

残体种子可带菌，子囊孢子风雨传，
初期小穗褐色斑，逐渐扩大枯黄变，
湿度大时红霉产，侵染穗轴白穗现。
氮肥过多密度大，浇灌之后湿气生，
扬花期间连阴雨，这些情形发病重。

选择品种来预防，配方施肥抗性增，
种子处理很关键，抽穗之后水慎用。
重点扬花来预防，见花打药莫放松，
氰烯菌酯悬浮剂，戊唑咪鲜（胺）水乳型，

小麦赤霉病田间症状

烯肟多菌（灵）可湿粉，足量喷药交替用，
齐穗再来防一遍，基本就无病害涌。
打药再加（磷酸）二氢钾，杀虫（剂）也可加其中，
一喷三防又省工，增产增收很轻松！

三、小麦纹枯病、白粉病

小麦纹枯很常见，主要表现云纹斑。
返青之后才明显，下部叶鞘症早现。

氮多湿密向上传，严重危害到茎秆，
湿时鞘茎菌丝产，后结菌核后代传，
出现枯孕枯白穗，减产定型无法挽。

小麦白粉子囊菌，主害叶鞘和叶片，
发病初期白霉点，后渐扩大白霉斑。
重时颖芒白霉现，温暖高湿气流传。
叶片功能丧失完，粒重下降产量减。

纹枯白粉两种病，防治方法基本同。
首先选择抗病种，再选药剂来拌种，
配方施肥提抗性，科学管理病少生。
药剂防治要赶早，拔节期间喷药中。
常用药剂三唑酮，唑类杀菌轮换用。

最好防治两三次，拔节抽穗灌浆中，
结合防治他病虫，一喷三防效果强！

小麦纹枯病拔节期症状

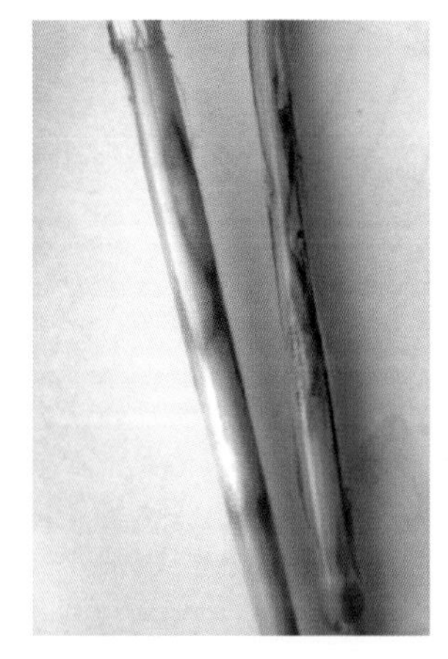

小麦纹枯病穗期茎部症状

小麦纹枯病穗期症状

小麦白粉病症状

四、小麦锈病

小麦锈病叫“麦疸”，危害严重且普遍，
条锈成行叶锈乱，秆锈是个大红斑，
危害程度各不同，三种锈病容易辨。

叶锈都是当地（菌原）生，发生较早分蘖（期）感，
基部叶片向上传，相对条锈（危害程度）轻一点。
最初是个黄褐点，均匀散生于叶片。

条锈病菌夏孢子，从南向北随风传。
最初是个鲜黄点，成行好像裤脚线，
触摸铁锈手上黏，严重叶片布满干（枯）。
叶片功能丧失尽，粒重下降产量减。
秆锈只在华南传，北方小麦不易见。
气温适宜雨雾天，小麦锈病大蔓延。

提前预防最关键，先把抗病品种选。
配方施肥提抗性，药剂防治是关键。
常到麦田去查看，发现一点治一片，
发现一片治全田，彻底控制不蔓延。
对路农药来选择，拔节喷药加里面。
三唑酮或多菌酮，还有戊唑咪鲜胺。

唑类杀菌效果好，苯甲嘧菌可轮换。
五月中旬灌浆期，最后防治的时间。
严重要喷两三遍，相隔五天至七天。
搭配杀虫（剂）叶面肥，千倍溶液喷满田。
一喷三防很省事，小麦收获笑开颜。

小麦苗期叶锈病症状

小麦后期叶锈病症状

小麦条锈病症状

五、小麦蚜虫

蚜虫俗称是蜜虫，危害小麦重要虫，
二叉蚜与长管蚜，两种蚜虫危害重。
二叉（蚜）喜在苗期害，被害处成枯斑形，
长管（蚜）多在叶正面，抽穗灌浆穗集中。
分蘖灌浆都危害，繁殖快能孤雌生，
刺吸麦茎叶和穗，吸食汁液传（病）毒病。
叶片枯黄生长停，后期麦穗黑色呈，
麦粒不饱或无粒，甚至枯死减产重。

小麦蚜虫

最佳防治是拌种，直至抽穗少蚜虫。
吡虫（啉）噻虫（嗪）呋虫胺，粉剂悬浮都能行。

没有拌种生蚜虫，达到指标农药用，
吡虫啉加菊酯药，烯啶（虫胺）吡蚜（酮）或呋虫（胺），
不同农药交替用，禁限农药勿使用。
一般防治两三次，拔节抽穗灌浆中。
结合防治他病虫，一喷三防效益强！

蚜虫危害小麦后期症状

六、小麦红蜘蛛

小麦蜘蛛蜱螨目，体小色红危害重。
播后分蘖到拔节，条件适宜就发生。
麦圆蜘蛛体圆红，湿度较大易发生，
长腿蜘蛛腿长红，天干地旱发生重。
成若螨都吸叶片，受害细小白点现，
发育不良植株小，后变黄白叶片干。
低温根部土表藏，气温上升叶片转。
防治要早别耽误，重点查治差麦田。
分蘖拔节田间看，上午十点下午三。
蜘蛛都在基叶片，达到指标治不晚。
农药首选阿维哒，高毒农药已禁限。
炔螨（特）哒螨（灵）乙螨唑，还有螺螨酯四螨，
杀螨剂药可任选，加大水量效可观。
如果干旱来喷灌，蜘蛛小命自然完。

小麦越冬期麦圆蜘蛛危害

小麦起身后麦圆蜘蛛危害

七、小麦旱茬麦田杂草

玉米大豆旱茬麦，杂草发生危害早。
小麦播后半个月，杂草开始出小苗，
播后一（个）月是（杂草出苗）高峰，一个半月可用药。
杂草出齐苗又小，喷药防治效果好。
勿等年后麦草大，成本增加效果差。
如果必须年后打，三月上中（旬）是最佳。
清明前后麦拔节，化（学）除（草）一般都要歇。

个别地块有杂草，保证安全来用药。
化学防治认准草，不同地块不同草，
不同杂草不同药，分类用药效益高。

阔叶杂草年年生，草相变化抗性强，
蒿子荠菜都难治，繁缕猪秧（秧）更难防。
二甲四氯苯磺隆，双氟（磺）草胺唑草酮，
氯氟吡氧乙酸（异辛）酯，几样专把阔叶防。
好在厂家明市场，产出好多组合装，
根据杂草选择用，冬至之前定喷上。

近几年的旱茬麦，禾本科草蔓延快，
前期长得像麦苗，阔叶除草剂无效。

麦稀地湿就疯长，严重都把麦吃了[①]。
化除亦得分清草，农药选择很重要，
基部微红节节麦，挖出根来种子瞧[②]，
引种（和收获）机械来传播，（小麦）亲缘最近的杂草，
要问目前除草剂，仅有甲（基）二（磺隆）一种药，
严按厂家说明用，否则麦黄药害高（严重）。

周身带毛是雀麦，害的麦田很糟糕，
防除药剂有三种，甲（基）二（磺隆）氟唑（磺隆）啶磺草（胺）。
菵草硬草野燕麦，多花（黑麦）看麦（娘）棒头草，
这些杂草个别（地块）生，以上药剂用亦好，
炔草（酯）精噁（唑禾草灵）异丙隆，成本较低效亦好。
禾阔杂草都有生，合理混配效益高。
（要想）小麦高产又高效，杂草防除很重要，
选好农药择时喷，确保安全又有效。

注：①杂草长势旺，把麦苗盖了，导致小麦不抽穗甚至死亡。
②能看出圆柱形半厘米长黑褐色种子。

麦田机械喷施除草剂

看麦娘和阔叶杂草混合发生

节节麦小苗
及地下种子

雀麦和阔叶杂草混合发生

未防治麦田茵草的田地

八、小麦春季麦田管理

要想小麦产量高，春季管理很重要。
因苗因地因天气，仔细分类管理好。
雪雨较多积水黄，早点追肥促（返）青壮，
芸薹内酯生根剂，优质叶肥早喷上。
旺壮麦田要化控（化学农药控旺），拔节之前必喷上。
控旺产品有很多，正规产品要先想，
根据长相择时打，拔节之后勿控旺。
传统锄地效果好，可惜无人再去耪。
地干返青（期）去镇压，土壤紧实抗旱强，
控上促下小麦壮，以后倒伏可以防。

旺壮麦田群体大，施肥早了更加旺，
改掉以前坏习惯，（春）节后勿随雨雪上（上：施用之意）。
氮肥后移至拔节，穗大粒多产量上（上：上升之意），
施肥最好机子耩，撒施利用率下降，
耩肥虽有小麦伤，（小麦）自我调控能力强，
其他穗子长得好，不会降低总产量。
一般追肥用尿素，亩用十（公）斤勿多上（上：施用之意）。
旺壮地块蚜螨少，若有也要早点防。

三类麦田稍微差，肥料可分两次上：

首次返青促早发，二次拔节促穗长。
高产套餐早喷上，病虫草害早点防，
一喷三防再搞好，产量过千有指望。

九、小麦防倒春寒

暖冬（或）冬末天气暖，入春气温回升快。
（小麦）返青早来长得快，旺长地块（长得）更厉害。
强冷空气突然来，零度以下麦受害。
如果小麦正返青，叶片受冻无大碍。
初始好似开水烫，阳光一照现枯黄，
稍加管理继续长，几天之后变正常。
如果小麦已起身，幼穗最易受冻害，
旺株虽长无穗抽，发现无穗已成灾。
如果小麦已拔节，稍有寒流就受害，
受冻严重幼穗死，抽出无粒整穗白。
轻者形成畸形穗，半边（或）两段（或）白穗尖。

倒春寒是年年有，预防观念记心间。
先是品种要抗寒，抗寒性差可不行。
适时晚播勿种厚（稠密），冬前管理须加强，
促使麦苗壮不旺，抗寒抗逆性增强。

春后常看天（气）预报，超强寒流要来到，

提前几天就知道，趁着天气早喷药。

抗冻产品已不少，提早喷上才有效。

一般（倒春寒）来前有雨雪，无雨地干把水浇。

寒流过后天气好，再喷叶肥恢复好，

氨基酸与（磷酸）二氢钾，加上芸薹（素内酯）效更好，

受冻之后抗性差，杀菌保护不可少。

气候不好加强管，定比不管产量高。

倒春寒危害麦穗症状

倒春寒危害田间症状

第二章　玉米病虫草害防治歌诀

一、玉米顶腐病

玉米顶腐细菌性，我国近年才发生，
逐年上升危害重，减产高达二三成。
症状主有三类型，一是扭曲卷裹型，
顶部叶卷成长鞭，顶端淡黄一侧弯。
二是叶缘缺刻型，喇叭口期顶叶烂，
发病轻时缘失绿，沿着叶边下扩展。
病部干腐缺刻显。发病重时顶叶连，
叶片紧裹抽雄难，同时雄穗感染烂。
三是叶片枯死型，叶基边缘褐色烂，
“撕裂”“断叶”症状呈，重时顶叶枯死现。

病原细菌孔口（气孔和伤口）侵，高温高湿大发生，
防治首选抗病种，配方施肥提抗性。
及时治虫防伤口，打药杀菌（剂）加桶中，
真细菌药都要加，综合防治还省工。

发现顶腐病叶症，专杀细菌莫放松，

叶枯（唑）氯溴（异氰尿酸）松脂（酸）铜，连喷两次效果中。

玉米顶腐病症状

二、玉米细菌性茎腐病

细菌茎腐烂腰病，常年发生危害重，

拔节以后病发生，主侵叶鞘和秆茎。

叶茎褐色水渍斑，心叶灰绿失水蔫，

形成枯心丛生苗，甚至造成苗缺断（垄）。

中后（期）发生水渍斑，病健交界很明显，

病部组织软烂陷，严重倒折腐臭现。

干燥条件扩展慢，多成凹陷干腐斑，

叶黄穗小易折断，感染雌穗整个烂。

病原细菌孔口侵，高温高湿风雨传。

旱后大雨积水田，上年病田大蔓延。

防治要选抗病种，病田与豆轮两年。

田间病株及清理，雨后勿将水积田，

及时治虫防伤口，打药杀菌（剂）往里添，

叶枯（唑）氯溴（异氰尿酸）松脂（酸）铜，细菌药剂都可选。

真菌药剂也可加，合理混配省时间。

以上措施都做到，玉米无病还增产。

玉米细菌性茎腐病症状

三、玉米叶斑病

1. 玉米褐斑病

玉米褐斑发生早，整个季节都可见。
成株发病较常见，鞘与叶界多病斑。
后期紫褐病斑圆，大小不一连成片，
维管坏死整叶完，影响光合产量减。

玉米褐斑病症状

2. 大叶斑病

水渍灰绿小斑点，沿着叶脉上下长，
宽有一至三厘米，长度可达六寸长，

黄灰褐色呈梭状，湿时病斑黑霉长。

玉米大叶斑病症状

3. 玉米小叶斑病

叶片分散黄褐斑，大小不过一厘半，
一般受到叶脉限，长方形近或椭圆，
有的品种长线状，有的品种长梭斑。

玉米小叶斑病症状

4. 玉米弯孢叶斑病

初是淡黄小圆点，中央乳白褐边缘，
褪绿晕圈很明显，圆形病斑叶脉限。

5. 玉米灰叶斑病

褐色坏死矩形斑，或是不规长条斑，
与脉平行不受限，湿时病斑灰霉产。

玉米灰叶斑病症状

6. 玉米圆叶斑病

圆形卵圆轮纹斑，边缘褐色中部浅，
外有黄绿色晕圈，湿时病斑黑霉产。

玉米圆叶斑病症状

7. 玉米叶斑病防治

几种叶斑菌不同，其实都属真菌病。
形状颜色虽不一，危害结果却相同。
破坏叶片之功能，粒重下降产量轻。
田间都是混发生，综合防治最管用。

首先选好抗病种，再用杀菌药来拌。
苯醚（甲环唑）戊唑（醇）咯菌腈，拌种药剂可任选，
登记包衣为最好，保证效果和安全。
大喇叭期来喷药，杀菌剂就加里面。
吡唑醚菌（酯）效果好，唑类杀菌可轮换。

加上磷酸二氢钾，千倍溶液喷叶片。

玉米吐丝授粉后，一防双减[①]更增产。

注：①一防双减：指在玉米大喇叭口期至授粉期用药一次，防治玉米生长中后期多种病虫害，减轻病害流行程度，减少后期穗虫基数的关键技术。

实施玉米一防双减

四、玉米锈病

气候适宜雨不断，玉米锈病大发展。 ………………… 发病条件

担子真菌夏孢子，随风扩展到处传。 ……… 菌源及传播途径

最初是个小黄点，严重叶片都干完。 ………………… 表现症状

叶片功能丧失尽，粒重下降产量减。 ………………… 危害程度

提前预防最关键，首先要把品种选。 ………………… 预防为主

配方施肥提抗性，药剂防治很关键。

喇叭口期喷农药，杀菌药剂加里边。
三唑酮或者多酮，还有苯甲咪鲜胺。 ………………… 防治药剂
八月上旬抽穗期，最佳防治的时间。 ………………… 防治时间
唑类杀菌效果好，苯甲嘧菌可轮换。
加上磷酸二氢钾，千倍溶液喷叶片。 ………………… 防治方法
严重可喷两三遍，相隔五天至七天。
虽然费事有一点，玉米收获笑开颜。 ………………… 防治效果

玉米锈病症状

五、玉米草地贪夜蛾

外来夜蛾草地贪，（二零）一九（年）一月云南现。

很快蔓延十多省，扩展之快世少见。
祸害作物近百种，中央省市重点宣。
直接培训到基层，专项资金拨各县，
反“贪”风暴全国卷，一致对“外”操胜券。

成虫夜飞百公里，一生产卵粒上千，
温暖高湿易繁殖，三十天内一循环。
世代重叠食量大，祸害幼苗根茎断，
也食花蕾生长点，钻果入穗危害惨。
低龄幼虫夜间忙，叶背取食“窗孔”样，
吐丝借风转株害，高龄食成孔洞长（长形孔洞），
大量粪便布叶片，严重整株叶食光。

低龄幼虫绿或黄，带有黑线斑点样，
高龄幼虫多呈棕，寸半身长体态胖。
头黑或棕或者橙，中有白色倒Y形（头有“八万”），
腹部末节四黑点，好像麻将四饼形（尾带“四饼”）。

发现有虫不要慌，根据测报来预防，
三龄之前虫好治，选药细喷虫死光。
甲维（盐）茚虫（威）四（氯）虫（酰）胺，氯虫菊酯虱螨脲，
多角病毒苏云金（杆菌），（虫）螨腈（虫）酰肼除虫脲，
白绿僵菌生物药，交替使用效果好，
虫龄较大复配用，科学安全效益高。

草地贪夜蛾低龄幼虫危害玉米症状

草地贪夜蛾高龄幼虫

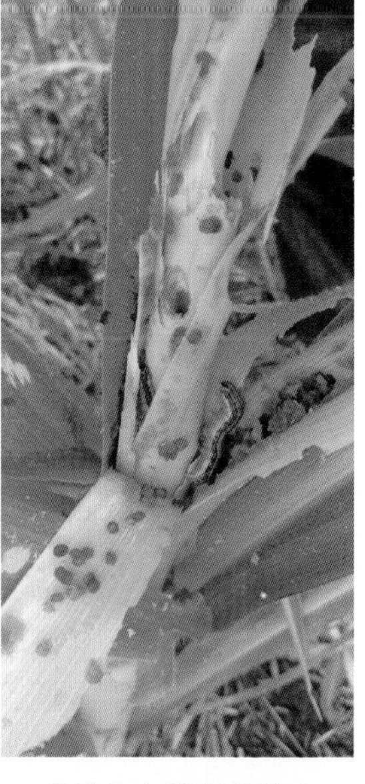

草地贪夜蛾高龄幼虫
危害玉米症状

六、玉米蛾类

蛾类害虫特别多，螟蛾灯蛾夜蛾科，

危害出苗到收获，减产多少不好说。

有的钻食幼苗茎，严重苗毁得重播（地老虎和二点委夜蛾）。

有的钻蛀食心叶，叶片长出孔成排（玉米螟），

有的造成叶缺刻，整叶吃光剩叶脉（黏虫、棉铃虫、甜菜夜蛾等），

有的危害花丝穗，蛀食棒粒感病害（玉米螟、桃蛀螟等）。

玉米出苗常检查，发现有虫把药打。

氯虫（苯甲酰胺）甲维（盐）虫螨腈，茚虫威或四（氯）虫（酰）胺。

虫酰肼或除虫脲，虱螨脲药可轮换，

多角病毒苏云金（杆菌），生物农药用提前。

杀虫杀菌同时用，一举多得省时间。

苗期拔节大喇叭，三期用药最关键。

抽穗之后加一次，一防双减真增产！

地老虎危害玉米苗

玉米螟危害玉米症状

黏虫危害玉米

甜菜夜蛾危害玉米

蛾类害虫混合发生危害

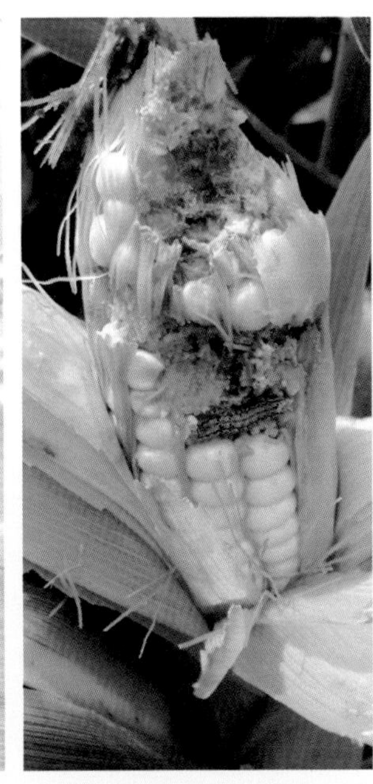

棉铃虫危害玉米果穗

七、玉米蚜虫

蚜虫俗称是蜜虫，群集危害心叶上，
更喜雄穗（和）上层叶，刺吸汁液叶枯黄，
分泌蜜露生黑霉，影响光合降产量。
立秋以后天转凉，蚜虫危害开始忙。
发生轻重看品种，预防要选抗虫种，
再选药剂来拌种，蚜虱蓟马都少生。
药剂可选吡虫啉，噻虫（嗪）呋虫胺也中。
种衣剂型来拌种，其他剂型喷雾中。
药防重点是后期，一防双减最成功！

蚜虫危害玉米症状

八、玉米蓟马

玉米蓟马有多种，有黄有黑身体小。
近年发生比较重，主要危害是幼苗。

锉开嫩叶吸汁液，叶背断续白条斑，
叶片正面对应处，黄色条斑来呈现。
玉米矮小生长慢，还让玉米病害感。
有的受害心叶卷，好似牛尾或马鞭，
剥开里面虫可见，生长停滞腋芽现。
播早草多长得弱，天干地旱蓟马欢，
虫小叶藏难以治，药剂拌种可以办。

玉米苗期蓟马危害症状

药剂可选吡虫啉，噻虫（嗪）氟啶（虫酰胺）呋虫胺。
内吸高效药喷雾，飞虱蓟马一起完，
烯啶（虫胺）吡蚜（酮）啶虫脒，吡虫啉或噻虫胺，
多杀霉素更可用，连防两次虫不见。
五点七的甲维盐，加大用量也能管。

玉米蓟马田间危害症状

玉米蓟马

九、玉米田杂草

玉米播种要早巧，播后干旱及时浇。
墒情适宜就用药（除草剂），苗后无草玉米好。

异丙草莠（或）甲乙莠，玉米单作封闭好。

（与）大豆花生混作田，异丙甲（草胺）二（甲戊灵）可任选。

夏播玉米气温高，如果未用封闭药，

五天齐苗就有草，除草及时勿等靠。

（玉米）三到五叶杂草齐，苗后化除最适宜，

一般选用烟（嘧磺隆）莠（去津）硝（基磺草酮），杂草基本都死掉。

玉米渐大（如果）还有草，行间喷雾效果好，

根据杂草选择药，因草施药效益高。

玉米田间杂草发生情况

第三章　水稻病虫害防治歌诀

一、水稻种子处理

水稻病害有多种，多是种子带菌生。

种子带菌病生早，影响发芽和幼苗，

不易发现难治疗，甚至治疗也无效。

干尖线虫和恶苗，发现之后治不好，

唯有种子处理好，苗好病少效益高。

首先晒种一两天，然后浸种两整天。

药选乙蒜杀螟单，或者杀螟咪鲜胺。

药按用量兑好水，种子放在水里面。

想防飞虱和蓟马，吡虫（啉）噻虫（嗪）往里添。

早晚搅拌水勿换，捞出冲水（用清水冲洗之意）控干苫（苫播、播种之意）。

或者浸后用药拌，机插直播[①]都可拌。

拌匀晾干即可播，恶苗没有线虫完，

飞虱蓟马少出现，省工省时又增产。

注：①机插直播：机械插秧和直播的播种。

水稻种子处理试验（未处理种子发芽后有腐烂）

二、水稻纹枯病

水稻纹枯发普遍，苗至穗期都可见。
分蘖之后发病重，近水叶鞘先感染，
先是暗绿模糊斑，随后扩大云纹现。
高温高湿发展快，叶鞘叶片穗部感。
氮多密厚地里多，扒开下部叶鞘烂，
白色菌丝聚成团，形成菌核鼠粪般。
菌核土中能越冬，随水漂浮到处传！
农业防治很重要，菌核残体要多捞。
少施氮肥多磷钾，浅晒湿润水管好①，
合理密植通透好，纹枯病害发生少。

药剂防治要赶早，井冈蜡芽还不孬，

噻呋酰胺嘧菌酯，杀菌广谱药效高，

苯（醚甲环唑）丙（环唑）己唑（醇）效果好，封行就用首次药。

唑类杀菌有抑制，避开破口药害少。

十天半月喷一次，上下打透效果好！

注：①水管好：管理好水分。水分管理前期保持浅水层，中期晒田，后期保持湿润。

水稻纹枯病症状

水稻纹枯病菌核

三、稻瘟病

稻瘟危害水稻重，年年发生都不同，
轻时减产一两成，重时减产有八成。
出苗灌浆都发生，气候适宜大流行。

叶瘟穗瘟和节瘟，主要分为这三种。
叶瘟分蘖盛期生，症状分为四类型，
急慢白斑褐点型，急性发生快流行。
急性病斑水渍状，椭圆不规（则）和菱形。
慢性开始暗绿色，逐渐扩大成梭形，
病斑中间灰白色，边缘褐色黄晕成。
严重病斑连一起，整株矮缩穗难成。

穗瘟多生于穗茎、穗轴谷粒和枝梗，
初期病斑暗绿色，水渍退绿上下行，
白穗籽粒难形成，粒烂米碎产量轻。

节瘟是节褐色变，有时病斑上下延。
高湿病节青霉产，后期病节干缩（凹）陷，
穗子折断谷不满，白穗发生产量减。

因地制宜选品种，科学施肥提抗性，
水分栽培管理好，病害发生就会轻。

治疗叶瘟封行后，预防穗瘟孕穗终，
粒瘟节瘟扬花后，药剂可用稻瘟灵，
肟菌（酯）戊唑（醇）水分散（粒剂），苯甲嘧菌（酯）可轮换，
三环唑或咪鲜胺，稻瘟酰胺交替用。
（异）稻瘟净与克瘟散（又名敌瘟磷），绿色食品不要用。
生物农药（枯草芽孢杆菌）效果行，有机水稻也能用。

水稻急性型叶瘟病症状

水稻穗茎瘟导致白穗

水稻枝梗瘟症状

四、水稻赤枯病

水稻赤枯铁锈病，生理性病非菌染。
主要缺钾来造成，分蘖末期症状显：
下部叶尖黄褐点，向下扩展赤褐斑，
远看火烧赤一片，种植矮小生长慢。
增施有机（肥）培地力，氮磷钾肥配施下，
还田秸秆均匀撒，深松深耕根系发。
浅水管理及晒田，见症打药也不怕，
好的磷酸二氢钾，千倍溶液来喷洒，
严重可喷两三遍，植株健壮产量加。

水稻穗期赤枯病症状

水稻分蘖期赤枯病症状

五、稻曲病

稻曲病原绿原菌，水稻谷粒专危害。
谷粒受害三倍大，黄绿球型是菌块，
龟裂散出墨绿粉，污染健粒传后代。
受病稻粒不能卖，严重影响农钱袋。
花期遇雨加适温，稻曲病就发生快。

选好品种拌好药，科学管理病害轻。
结合稻瘟来预防，破口（前）打药病少生，
花期多雨择时打，连喷两次曲无影。
药剂可选苯甲丙，嘧菌酯或春雷铜，
井冈蜡芽肟菌戊，细雾匀喷稻穗中。
水稻开花已授粉，花期打药也可行。

稻穗稻曲病症状

稻曲病田间症状

六、水稻白叶枯病

白叶枯病细菌感，主要危害是叶片，
造成粒瘪产量减，严重减产到一半。
苗期分蘖（期）感染重，症状表现在（抽）穗前。
常见症状是叶枯，初生叶尖或叶缘，
先是暗绿水渍线，后成淡黄白长斑，
湿度大时菌脓产，状如黄色鱼籽般。
农事操作风雨传，条件适宜暴发展。

预防首选抗病种，清洁田园减菌原，
远离病草很关键，科学用肥与排灌。
早防以前发病田，风雨过后防全面。
发病中心快封锁，减少人为田间传。
农药首选铜制剂，氯溴异氰（尿酸）来轮换，
中生菌素亦可用，更有辛菌胺（醋）酸盐。
五至七天喷一遍，两至三次控发展。

白叶枯病发生初期田间症状（发白处）

水稻白叶枯病黄色鱼籽状菌脓

七、水稻干尖线虫

干尖线虫属动物，身体不足半毫（米）长。
颖壳里面越冬藏，种子萌发芽鞘闯，
附于尖端细胞外，吸食汁液随稻长，
受害前期暗无光，生长稍慢铁杆状。
被害叶片成干尖，颜色灰白扭曲亮，
孕穗干尖更严重，一墩可见多叶长，
尖端两寸变枯黄，病健明显扭曲状。
有的病株不显症，抽穗可见穗小样，
谷粒数少秕粒多，减产三成还要强。
病株茎尖（生长点）或谷粒，镜检线虫蚯蚓状。

发现病症无药管，无虫种子是首选。
药剂浸种更关键，药剂可选杀螟丹，
用药浸种二整天，杀死线虫无病染。

水稻抽穗前线虫危害症状

水稻穗期线虫危害症状

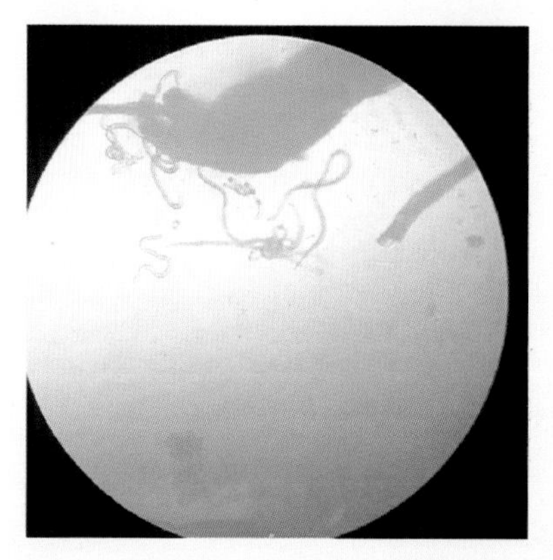

显微镜下的水稻干尖线虫

八、稻 飞 虱

1. 灰飞虱

当地越冬发生早，夏初嫩绿都害了。

吸食秧苗传病毒，间接危害更重要。

防治灰（飞）虱要赶早，种子处理很重要。

吡虫（啉）噻虫（嗪）呋虫胺，处理之后虱蓟少。

秧苗虫多早用药，烯（啶虫胺）吡（蚜酮）噻（虫胺）呋（虫胺）效果好。

狠治一代控二代，后期危害就能少。

稻飞虱

2. 褐飞虱、白背飞虱

两种飞虱南方来，抽穗以后主危害，

群集水面稻株上，刺吸汁液传病害

排泄物多生霉菌，重时害处黑不少。
褐虱危害在下部，白背危害位置高。
严重稻株干枯倒，收获困难产量少！
根据测报田间查，发现有虫药可打，
烯啶（虫胺）吡蚜（酮）呋虫胺，结合防它一起加。
如果后期发生重，速效持效结合打，
加大水量重喷下，迅速治了不暴发。
田间无水敌（敌）畏撒，速效熏蒸是好法。

稻飞虱田间危害症状

九、稻纵卷叶螟

该虫北方不越冬，都是南方飞来虫。
成虫白天息稻田，夜动产卵于叶片。
五至七天见幼虫，一龄蚁虫卷不动，

二龄危害叶尖卷，三龄以后叶纵卷，
食量增大危害转，白叶片片稻田见。

稻纵防治按预报，根据规律来用药，
一二两代少用管，三四两代最重要。
八月三代虫子多，蛾峰七天就用药，
九月四代危害重，世代重叠难杀净。
阿维（菌素）甲维（盐）茚虫威，氯虫（苯甲酰胺）氟铃（脲）虫螨腈，
可选农药真不少，交替（或）复配效更好。
每月两次来用药，治早治小危害少。
十月蛾子偶尔多，不用防治自南逃。

稻纵卷叶螟危害症状

稻纵卷叶螟高龄幼虫

十、水稻钻心虫

二三化螟钻心虫，钻心致死危害重。
（前期）蚁螟危害呈枯鞘，三龄害成枯心苗。
（后期）钻蛀稻茎致穗死，远看白穗真不少。
抓住白穗轻提掉，断处褐色虫可瞧。
虫眼虫粪与幼虫，与它白穗细分晓。
钻蛀入茎难防治，农业防治要搞好，
生物物理[①]最环保，如有条件优先搞。
化学防治要赶早，返青施肥加上药，
杀虫双或杀螟丹，还有氯虫（苯甲酰胺）颗粒选，
根系吸收管得久，直至抽穗虫少见。

喷药根据预测报，杀卵杀小最关键，
阿维搭配三唑磷，甲维（盐）苏云（金杆菌）配杀（螟）丹，
氯虫苗虫（威）也可选，一切螟虫都能管。

注：①生物物理：生物防治和物理防治。生物防治是利用一种生物对付另外一种生物的方法。主要指使用性诱剂或天敌或微生物菌等防治害虫的方法。物理防治是利用简单工具和各种物理因素，如光、热、电、声波等防治病虫害的措施。

钻心虫危害水稻症状

穗期水稻钻心虫
危害田间症状

被水稻钻心虫危害的稻穗

第四章　花生病虫害防治歌诀

一、花生病毒病

该病菌原是病毒，表现症状有多种，
条纹花叶与斑驳，还有芽枯丛枝型，
得后黄矮生长慢，流行年份减产重！
种子带菌初侵染，苗后主靠汁液传，

花生病毒病斑驳症状

蚜虱蓟马是媒介，高温干旱是条件，
病毒可防难治愈，无毒抗病种先选。
适时播种早治虫，及时浇水防天旱。
治虫就加抗毒剂，吗啉胍铜可以选，
氨基寡糖和香菇（多糖），还有氯溴异（氰）尿酸，
再加磷酸二氢钾，喷后生长就是管！

花生病毒花叶症状

二、花生根部病害

1. 区别

根部病害主有四，表现症状可细辨。
根腐（病）镰刀菌侵染，借水伤口表皮传。
主茎长条褐色斑，以后脱皮“鼠尾”烂，
湿时茎生不定根，上部矮小叶黄变。
冠腐（病）曲霉（菌）主茎染，表皮纵裂干腐现，

髓部变为紫褐色，病部黑色霉层显，
地上萎蔫枯萎死，可与根腐病来辨。
白绢（病）病原担子菌，菌核菌丝来侵染。
初期叶片枯黄变，阴天展开晴天关（叶片闭合），
茎基脱皮整株完，湿时“白绢”（菌丝）覆地面，
后产白色小菌核，变黄变褐后代传。
青枯病是细菌染，苗期收获都可见，
主害根部软腐变，维管束内菌脓产，
初期顶梢先萎蔫，两天以后全株完（全部萎蔫青枯），
整株都是青绿色，可与其他病害辨。

花生根腐病症状

花生冠腐病症状

花生根腐病田间症状

花生白绢病症状

2. 防治

花生根部病害多，得后死株减产多，
病原症状有很多，防治方法差不多。

首先选择抗病种，去壳精选再拌种。
拌种选好杀菌剂，苯醚（甲环唑）戊唑（醇）咯菌腈。
种子带菌能杀死，土中病菌侵不通。
登记包衣最好用，出苗安全效果中。

其次轮作或换茬，减少菌原病不发。
重茬地块要想种，清洁田园石灰撒。
有机（肥）菌肥多施下，少施氮肥多磷钾，
硼钼微肥配合施，种植健壮抗病发。

田间管理要加强，遇雨及时将水放。
发病初期就用药，上喷下灌效果强，

药剂可选铜制剂，氯溴异氰尿酸棒。
真细菌病都能治，各种根病效都强。
只有真菌根部病，可用噁霉·福美双。
若是青枯细菌病，叶枯（唑）中生（菌素）喷灌上。
可用农药实在多，因地因病选择棒！

三、花生叶部病害

炭疽疮痂与锈病，网斑褐斑与黑斑，
病原菌属虽不同，都是真菌害叶片。
田间都是混发生，一般人员难辨全。
有的椭圆有轮纹，有的黄褐圆形斑，
有的带有黄晕圈，有的却是黄锈点，
形状颜色虽不同，危害结果都一般，
叶片功能大退减，严重叶片都落完。
病菌残体上休眠，适宜条件风雨传，
六月下旬开始见，高温高湿快发展。
发病多在密度大，土（壤瘠）薄氮多连作田。
要想防治真不难，首先把好种子关。
选好品种再精选，然后用药把种拌。
苯醚（甲环唑）戊唑（醇）咯菌腈，拌种药剂可任选，
登记包衣为最好，保证效果和安全。
大田预防初花期、盛花落花各一遍，
基本叶青无病染，不要见病再去办。

防治药剂更是多，仔细认真来择选，
甲托代锰可以用，唑类杀菌是首选。
花生叶片带蜡质，展着剂往药桶添，
杀虫叶肥按需加，细雾匀喷效可观！

花生叶斑病症状

田间花生不同叶斑病混合发生

花生叶斑病危害严重田块

四、花生叶螨

花生叶螨有两种，二斑叶螨和朱砂。
体小椭圆红腹部，通常都叫红蜘蛛。
叶螨先害老叶片，正面出现黄白点，
背面细网小红点（红蜘蛛），六月发生成点片，
七月雨季又轻减，八月干旱害满田。
严重叶片焦枯落，治不及时大减产。
发现有虫就打药，阿维菌素是首选，
生物农药少农残，杀虫广谱价低廉。
炔螨（特）哒螨（灵）乙螨唑，还有螺螨酯四螨。
杀螨药剂实在多，防治效果都可观。
交替轮换来使用，消除抗性更是管。

花生叶片背面的叶螨

叶螨危害花生症状

五、花生蓟马

蓟马锉吸嫩叶茎，心叶皱缩变脆硬，
展开黄皱加畸形，有点扭曲疮痂形。
常误认为病毒病，扒开心叶才见虫。
虫体细长不足二（毫米），颜色黄棕或黑棕。
五月下旬至六月，天干地旱危害重。
虫小叶藏难以伤，内吸高效药管用。
溴氰虫酰（胺）啶虫脒，吡虫啉或噻虫嗪，
多杀霉素更可用，连防两次最管用。

蓟马（中脉黄色即是）及其危害症状

蓟马危害花生症状

六、花生青虫

花生青虫有很多，多数都是夜蛾科，
斜纹夜蛾棉铃虫，甜菜夜蛾算最多。

危害出苗到结果，有的造成叶缺刻，
或呈孔洞或网状，严重叶片都吃光。

花生苗期常检查，发现有虫把药打。
氟虫（腈）氯虫（苯甲酰胺）甲维盐，茚虫威药可配换。
配上吡虫（啉）呋虫胺，蚜虱蓟马一起管。
白（球孢白僵菌）绿僵菌早用上，绿色防控是方向。

甜菜夜蛾危害花生症状

棉铃虫危害花生症状

第五章　大豆病虫害防治歌诀

一、大豆根部病害

大豆根病比较多，立枯（病）枯萎（病）根腐（病）多，
都是真菌感染的，叶片发黄萎蔫多，
根茎黑褐腐烂多，病株矮小死亡多，
发病之后难治愈，防治不好减产多。
首先选择抗病种，晾晒精选再拌种。
拌种选好杀菌剂，苯醚（甲环唑）噁（霉灵）甲（霜灵）咯菌腈。
种子带菌能杀死，土中病菌侵不通。
登记包衣最好用，出苗安全效果中。

其次轮作或换茬，减少菌原病不发。
重茬地块要想种，清洁田园石灰撒。
有机（肥）菌肥多施下，少施氮肥多磷钾，
硼钼微肥配合施，种植健壮抗病发。

田间管理要加强，遇雨及时将水放。

发病初期就用药，上喷下灌效果强，
药剂可选噁霉灵，氯溴异氰尿酸棒。
土壤病菌都能杀，各种根病效都强。
可用农药实在多，因地因病选择棒！

大豆立枯病症状

大豆根腐病症状

二、大豆叶荚病害

叶荚病害很多种，可分真菌细菌病。
真菌又有高低等，低等真菌有霜霉，
病叶背生灰白霉，可与其他病分清。
高等真菌病害多，叶斑炭疽和锈病，

田间都是混发生，防治不必细分清。
斑点斑疹细菌病，认准防治才管用。
病害虽多发生（条件）同，氮多湿密重茬重。
综合防治要搞好，无病增产又省工。
首先种子要处理，精选晾晒药拌种，
科学施肥轮换茬，合理栽培勤中耕，
各项管理均到位，各种病害都少生。
初花（期）花荚（期）和鼓粒（期），农药防治三次中。
甲托配上松脂（酸）铜，氯溴异氰尿酸用，
唑类霜霉细菌药，合理混配更管用。

大豆褐斑病危害豆荚

大豆霜霉病叶片症状

大豆褐斑病叶片症状（背面）

大豆褐斑病叶片症状（正面）

三、大豆害虫

大豆种植要高产，害虫防治很关键。
较重害虫有三类，蛾螨蚜蓟白粉虱。
蛾类害虫数量多，棉铃（虫）银纹（夜蛾）豆天蛾，
斜纹（夜蛾）甜菜（夜蛾）豆荚螟，都是食叶或荚果。
还有地虎害幼苗，治不及时减产多。

蛾类害虫好防治，虫龄小时效不错，
重点防在花荚期，预防螟虫咬荚果。
甲维（盐）氯虫（苯甲酰胺）茚虫威，很多农药可选择。

螨类一般点片生，高温干旱危害重，
正面密布小白点，叶背螨虫细网中，
多从老叶先发生，严重株黄落叶重。
化学防治很重要，杀螨剂药选择好，
炔螨（特）哒螨（灵）乙螨唑，螺螨（酯）四螨药效高，

蚜虫蓟马白粉虱，七月之前偶尔生。
危害春豆早毛豆，锉吸汁液传毒病。
叶背嫩叶较多生，药剂拌种虫少生。
发现有虫即用药，烯啶虫胺噻嗪酮，
呋虫胺或吡丙醚，螺虫乙酯交替用。

斜纹夜蛾（2 龄幼虫）危害大豆叶片

棉铃虫危害大豆叶片症状

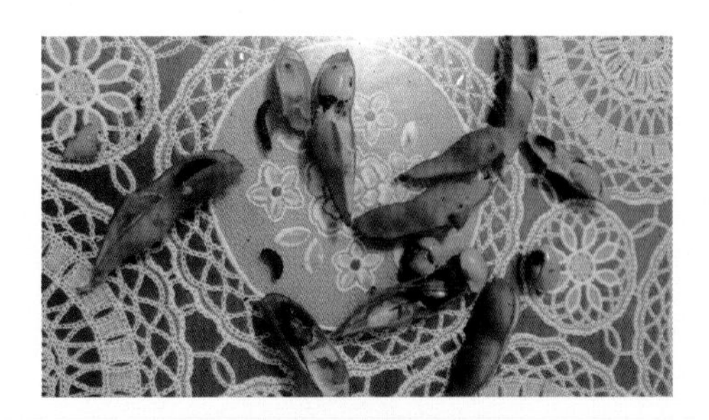

被豆荚螟危害的大豆

第六章　蔬菜病虫害防治歌诀

一、蔬菜白粉病

蔬菜白粉害叶片，多数蔬菜都可见，

瓜类茄果最常见，叶菜豆类也常现。

叶背叶面白粉点，扩大成圆白粉斑，

温暖高湿连成片，好似叶片撒白面。

多从下部叶片生，后向上部叶片传，

后期病部生黑点，叶片干枯功能完。

严重感染柄茎果，菜质下降效益减。

病原菌是子囊菌，分生孢子气流传。

搞好预防走在前，一旦发生防治难，

增施磷钾提抗性，培育壮苗要当先。

发病初期早喷药，吡唑嘧菌药可选，

苯醚（甲环唑）戊唑（醇）氟硅唑，乙嘧（酚磺）酸酯可轮换。

叶片反正都喷全，快准狠用效方见。

甜瓜白粉病症状

黄瓜白粉病症状

茄子白粉病症状

二、蔬菜灰霉病

蔬菜灰霉危害多，多数蔬菜都得过，
茄科豆科葫芦科，十字花科百合科。
病原菌是真菌性，分生孢子气流行，
低温高湿才发生，危害花果和叶茎，
早春露地危害重，秋冬棚室头号病。

叶片发病叶缘尖，病初水渍灰褐斑，
向内扩成轮纹斑，病健分明灰霉现。

茎初发病不明显，后成深褐椭圆斑，
严重发展绕一圈，湿生灰霉易折断。
蔬菜开花授粉后，菌从柱头残花染，
扩向果实灰白烂，厚厚霉层生上边。
多数蔬菜症相同，唯有百合（科）葱韭蒜，
病初叶片灰白点，严重扩大灰霉烂。

防治重点是预防，定植要选健壮苗，
配方施肥密合理，露地棚室病都少。
棚室上下消好毒，增温降湿要搞好。
残花病果早摘掉，摘花配合杀菌药。
发病之前就喷药，保护无病第一条。
嘧菌酯或异菌脲，安全保护特别好。
发病赶快来治疗，专性杀菌农药好，
嘧霉（胺）乙霉（威）腐霉利，木霉菌或异菌脲，
啶酰菌胺嘧菌环（胺），合理轮用药效高。
阴雨天气湿度大，棚室烟雾（剂）用最好。

黄瓜叶片灰霉病症状

黄瓜灰霉病病果

番茄灰霉病病果

三、蔬菜菌核病

蔬菜菌核（病）危害多，多数蔬菜都得过，

茄（科）豆（科）葫芦（科）伞形（芹菜）科，十字（花科）百合（科）与菊（莴苣）科。

温室大棚较常见，早春晚秋露地现，

依靠残体菌核传，适温高湿快发展。

连作加上密度大，氮多徒长危害惨。

无论啥菜感染上，表现症状均一样，

病部初呈水浸状，湿度稍大渐加强，

密生白霉棉絮状，黑色菌核鼠粪样，

导致叶果茎根烂，严重减产不一般。

轮作换茬清残体，各项管理要加强，

发现病株及清理，并喷药剂全田防。

菌核净加克菌丹，腐霉利配福美双，
异菌脲加多菌灵，甲基硫菌（灵）轮喷上。
七至十天喷一次，二至三次无病上。

花椰菜苗期菌核病症状

莴苣菌核病症状

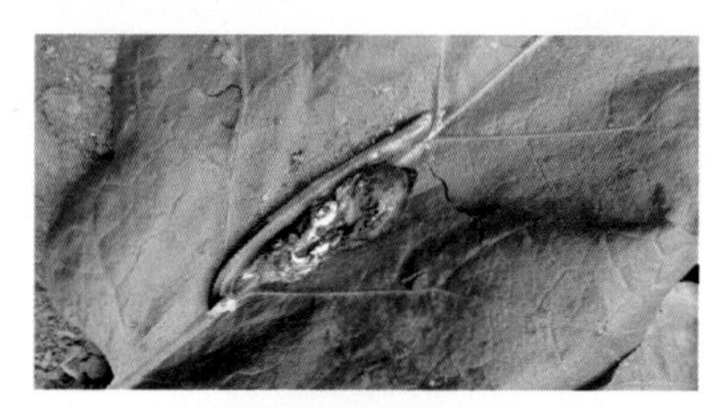

茄子菌核病症状

四、蔬菜斑潜蝇

学名美洲斑潜蝇，双翅目的潜蝇科，
危害蔬菜种类多，菊科豆科瓜茄果。
十字花科百合科，多数危害是成（年）叶。

成虫体长两毫米，形如家蝇浅黑色。
黄卵常产于叶背，幼虫孵化即潜叶，
取食叶肉留白皮，造成蛀道形如蛇。
幼虫都在粗头处，形状似蛆橙黄色，

（虫道）由细变粗布满叶，影响形象（指花卉）和光合。

农业物理方法用，防治最佳是无虫，
深翻灌水来灭蛹，休闲轮作能降虫，
棚室风口网挡虫，内挂黄板来诱虫。
见了虫道即用药，阿维（菌素）杀（虫）单药效高，
灭蝇（胺）杀（虫）单也很好，配上菊酯（成）虫难逃。

斑潜蝇发生初期症状

斑潜蝇发生中期症状

潜叶蝇发生后期症状

被斑潜蝇危害的大葱

五、蔬菜茶黄螨

茶黄（螨）俗称白蜘蛛，蛛（形）纲（真）螨目跗线（螨）属，

体小肉眼很难见，放大镜下白粒状。

圆形八足到处爬，几天满田都变样。

生长点死不再长，难以回到正常样。

六月下旬至九月，露地椒茄被害多，

瓜类豆类与花木，温暖高湿容易得。

聚集嫩处吸汁液，导致叶小且皱缩，

扭曲畸形僵硬脆，正面绿色背茶褐。

茎（叶）柄表皮木质化，褐色粗糙无光泽，

果实受害皮木质，褐色发硬易开裂。

这些症状容易看，可与病毒来细辨。

农业防治是重点，化学防治要提前，

棚室栽前硫黄熏，虫源菌源都可减。

露地茄果七月天，杀螨药剂喷田间，

阿维（菌素）乙螨（唑）螺螨酯，哒螨（灵）炔螨（特）可轮换。

七至十天喷一遍，二至三次无症显。

若等症状布满田，喷啥农药无改变！

辣椒茶黄螨危害初期症状

辣椒茶黄螨危害症状

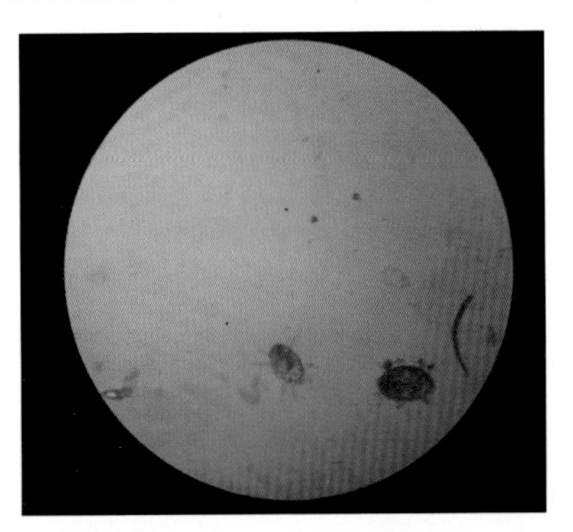

显微镜下的茶黄螨

六、蔬菜白粉虱

小白蛾子白粉虱，体小善飞危害广，
一年发生十多代，世代重叠难以防。
趴在叶背吸汁液，造成褪绿黄化状，
更能传播病毒病，严重影响作物长。
分泌物污叶果面，诱发煤污（病）品质降。
四五月与八九月，露地量大危害猖，
往前往后推俩月，温室大棚危害狂。

萝卜白菜十字花（科），瓜类豆类与茄果，
莴苣菊花等菊科，这些作物危害多。

吡虫（啉）噻虫（嗪）根部用，兼治蓟马与蚜虫，
棚室早用网隔挡，黄板诱杀虫减轻，
夜间封闭（异丙威）烟剂熏，亦可杀死多数虫。
大田只有喷雾治，联苯噻虫吡蚜酮，
溴氰酰胺阿维啶（虫脒），烯啶虫胺噻嗪酮，
呋虫胺或吡丙醚，螺虫乙酯交替用，
一早一晚（有露水）飞不动，（两种药剂）混合喷雾效更中。
七至十天喷一次，主打叶背虫死净。

白粉虱危害黄瓜症状

白粉虱危害番茄症状

七、蔬菜线虫

蔬菜线虫危害广，主要病症根瘤状。
初期根生小瘤结，后期严重根粗胖。

有的根像白鸡爪，有的根呈串珠状。
轻时地上不显症，重时植株矮小黄。
叶小皱缩果少小，中午植株萎蔫状。
喷啥药肥都不管，产量品质都下降。
病原其实是线虫，虫体特小眼难辨，
镜检[①]根瘤虫体现，形状各异[②]都可见。
卵或幼虫残体藏，肥水管理被动传。
农业防治是重点，先把抗线品种选，
清洁上茬根茎残，合理套作[③]茬常换。
蔬菜苗种无卵虫，科学管理无虫染。
线虫发生严重田，土壤消毒要提前，
威百亩和石灰氮，因地制宜任意选。
土壤消毒嫌麻烦，阿维噻唑[④]颗粒选，
施在播种定植前，条穴撒施都方便。
生长期间液体灌，首选氟吡菌酰胺，
阿维菌素最常用，噻唑磷药可轮换。
复配制剂更是好，用法用量说明见。
线虫防治成本高，科学防治产量翻!

注:

① 镜检：用显微镜检测。

② 形状各异：不同的线虫种类、不同的虫龄和雌雄虫体形状不一。

③ 合理套作：在主作栽培之前先种一些易感线虫的同类或其他品种如白菜芹菜等，再将主作套在其中，然后将前作连同根系

全部清除，以减轻线虫对主作的危害，起到防治效果。

④ 阿维噻唑：阿维菌素和噻唑磷，还有二者的复配制剂，有颗粒剂有乳油，都可用于防治线虫。

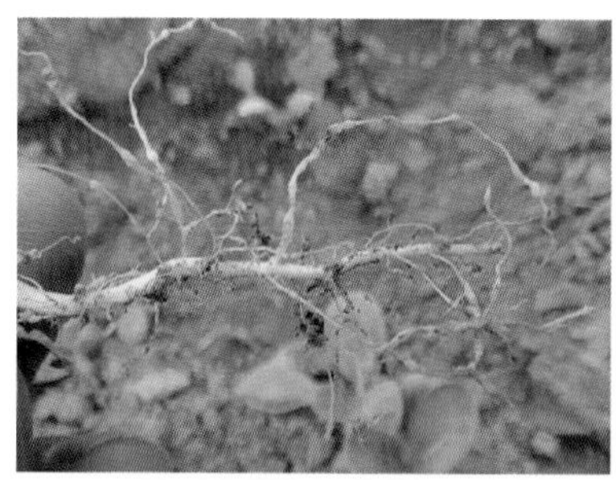

苗期线虫危害白菜根部症状

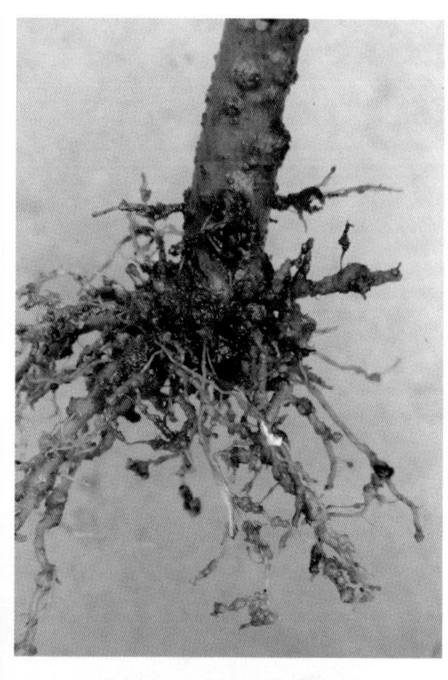

线虫危害辣椒根部症状

线虫危害辣椒植株症状

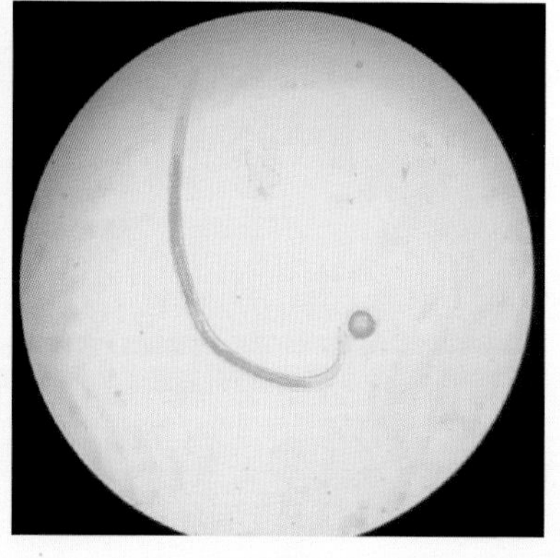

显微镜下的根结线虫

八、马铃薯病毒病

马铃病毒有多种，表现症状各不同，
有的斑驳花叶状，有的条斑花叶形，
有的卷叶呈匙状，叶片变脆背紫红，
有的皱缩或黄矮，严重危害到块茎。
薯块带毒初侵染，高温媒介传播快，
防治要选脱毒种，及早杀蚜去媒介。
发现病株早用药，氯溴异氰（尿酸）效果好，
氨基寡糖或香菇（多糖），三氮核苷都不孬，
加上锌或二氢钾，喷后生长就是好。

马铃薯花叶病毒症状

九、马铃薯地下害虫

马铃薯块土中生，地下害虫危害重。
地虫主有地老虎、蛴螬蝼蛄金针虫。
有的危害幼苗茎，造成死苗和断垄，
有的危害根茎薯，啃坏薯茎钻成洞，
感染病害薯块烂，不烂有洞也无用。

马铃地虫防为主，生土肥粪勿施用。
合理轮作精细耕，整地农药施土中，
辛硫（磷）菊酯都能行，高毒农药要禁用。
也可用药来拌种，一季无虫还省工。
拌种药剂有多种，吡虫（啉）噻虫（嗪）最常用。
选择登记拌种剂，根据指导安全用。
也可将药喷沟中，播后覆土也管用。
土施拌种可单用，地虫多时结合用。
保证后期没有虫，绿色食品种成功。

蛴螬危害马铃薯症状

处理后的马铃薯种子

十、马铃薯黑胫病

马铃（薯）细菌病害多，黑胫病是常见的，
主要侵染茎或薯，苗到后期均发病。
种薯染病土中烂，幼苗染病植株矮，
节短叶黄向上卷，胫部变黑后萎蔫。
薯块染病始于脐，放射状向髓部展，
湿度大时黑褐烂，皮肉不分（开）臭味显。
横切维管黑褐色，可与青枯来分辨。

轮作换茬地起垄，处理种子适期种，
合理灌排及治虫，减少伤口防染病。
发棵（期）就用药来防，两至三次较适中。
农药首选铜制剂，中生（菌素）叶枯（唑）噻霉酮。
辛菌胺（醋酸）盐噻唑锌，氯溴异氰（尿酸）轮换用，
加上钾钙叶面肥，一喷多效还省工。

马铃薯黑胫病症状

十一、茄果类早疫病

茄果早疫最常见，主要危害是叶片。
下部叶片先发病，逐渐向上来蔓延。
初是褐圆小斑点，渐大形成黑褐斑，
同心轮纹很明显，病健交界黄晕圈。
湿度大时黑霉产，叶片枯黄落田间。
严重（叶）柄茎都侵染，褐（色）凹（陷）圆形轮纹斑。
病原菌是半知菌，分生孢子风雨传。
早疫防治很简单，保护杀菌喷叶片，
代锰（锰锌）嘧菌（酯）药可选，分枝（期）喷药最保险。
如果发现叶生病，苯醚（甲环唑）异菌（脲）可混换。
一般喷上两三次，病斑干枯不发展。

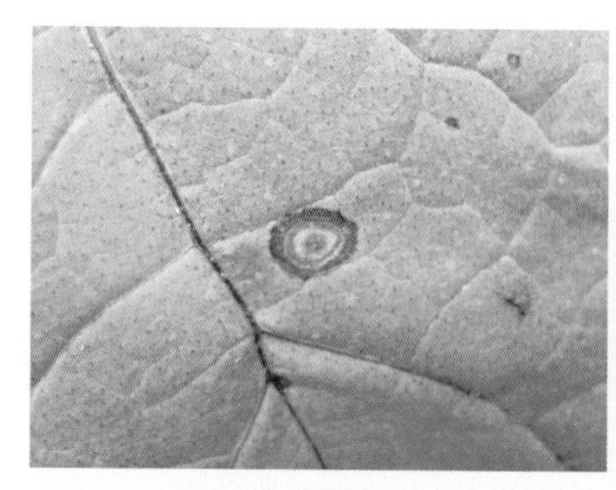

茄子早疫病症状

番茄早疫病症状

十二、茄果类晚疫病

病生叶缘和叶尖，初为暗绿水渍斑，

扩后转为暗褐色，湿时叶背白霉产。

迅速蔓延叶柄茎，茎秆纵生褐条斑，

湿时稀生白霉层，重时上弯叶片蔫。

青果病初油渍状，稀疏白霉黑褐烂。

马铃晚疫称疫瘟，发病迅速危害惨。

冷凉高湿速扩展，病叶背面白霉现。

天气干燥发展慢，病斑无霉脆易断。

茎部叶柄褐条斑，湿生白霉上部软。

叶片死亡地下染，块茎染病褐凹烂。

病原均属疫霉菌，孢子囊借气流传，

低温高湿发生重，传播迅速危害惨。

苗期收获都可感，棚边湿密好感染。

树立“以防为主”观，药控（药剂控制）及时别误耽。

配方施肥提抗性，垄栽盖膜加强管。

苗期喷药来预防，百（菌清）代（森锰锌）双炔酰菌胺。

栽后保护加治疗，霜霉威氟吡菌胺。

嘧菌（酯）烯（酰）吗（啉）水分散（粒剂），丙森霜脲（氰）可轮换。

预防间隔七八天，病重治疗连两遍，

最多间隔两三天，确保病害无蔓延。

加上磷酸二氢钾，还有氯溴异尿酸。
真细菌病都治完，收获茄果笑开颜！

番茄晚疫病叶片症状

番茄晚疫病茎秆症状

马铃薯晚疫病叶片症状

大棚番茄晚疫病暴发症状

十三、瓜类枯萎病

瓜类枯萎危害重，严重减产至绝产。
开花结果发生重，病初下部叶片蔫，
有的萎蔫在半边，有的萎蔫在侧蔓。
早晚恢复中午蔫，几天全株枯死完。

茎基初呈水渍状，后缩纵裂红胶产。
病茎维管褐色变，湿时病部红霉现，
根少褐烂易拔起，田间枯死一片片。

病原菌属镰孢菌，土壤传播根茎染。
农业防治是重点，嫁接换茬最保险。
种子土壤都消毒，清洁田园减菌原。
发现病株拔出田，及时灌药防菌传。
生物菌剂要单灌，甲托噁霉复配管。
春雷（霉素）络氨铜也管，氯溴异氰可轮换。
上喷下灌更有效，连治几次止蔓延。

西瓜枯萎病症状

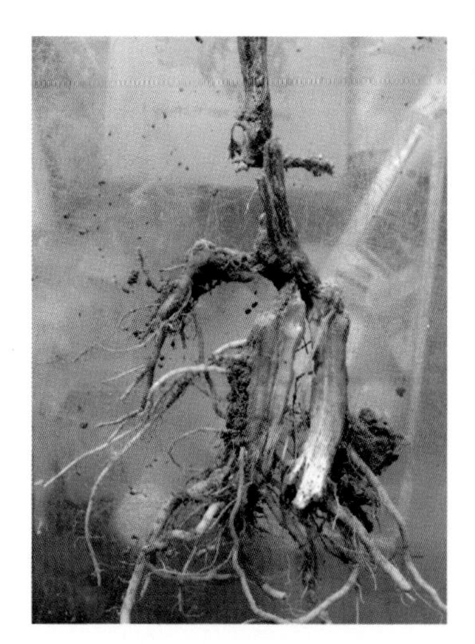

西瓜枯萎病根部症状

十四、瓜类霜霉病

瓜类霜霉病害重，只害叶片症多同，
苗期后期都发生，主要大叶先生病。
自下向上来蔓延，初时叶背水渍斑，
病斑扩大叶脉限，正面多角黄色斑，
病重斑大黄褐变，叶背黑褐霉层现。
唯有丝瓜症不同，斑小带有水渍边，
正面黄色角不显，背面病斑白霉现。

病原真菌霜霉属，低温高湿气流传。
农（业）防生（物）防是重点，化学防治是关键。

发病前期药来防，百（菌清）代（森锰锌）嘧菌（酯）药可选。

发病初期及时治，吡唑醚菌代森联，

噁唑菌酮霜脲氰，烯酰吗啉水分散，

氟吗（啉）噁霜（锰锌）氰霜唑，甲霜（灵）霜霉（威）盐酸盐。

不同农药常轮换，尽量喷到叶背面。

预防间隔八九天，严重治疗二三天。

棚室换用烟（剂）粉（尘）剂，重点掌握阴雨天。

黄瓜叶片霜霉病症状

黄瓜叶片霜霉病背面症状

甜瓜霜霉病症状

十五、瓜类炭疽病

炭疽危害瓜类重，叶茎果实都发生，
各个时期都感染，尤以中后发生重。

病叶初呈水渍状，斑点黄褐椭或圆，
有时带有黄晕圈，严重变大轮纹斑。
病斑后期生黑点，粉红黏物产正面。
干时病斑易破碎，中间穿孔叶功减。
柄茎受害斑凹陷，严重连接绕一圈。
果实受害浅绿斑，后变黑褐圆凹斑。
干时龟裂生黑点，湿时粉红黏物产。
病原真菌炭疽属，分生孢子雨水传。
搞好预防是重点，合理轮作加强管。
嘧菌（酯）吡唑（醚菌酯）常喷雾，保护植株无病染。
发病初期及时治，甲（基）托（布津）溴菌腈可选。
苯（醚甲环唑）丙（环唑）戊唑（醇）咪鲜胺，复配轮换效更管。

甜瓜炭疽病症状

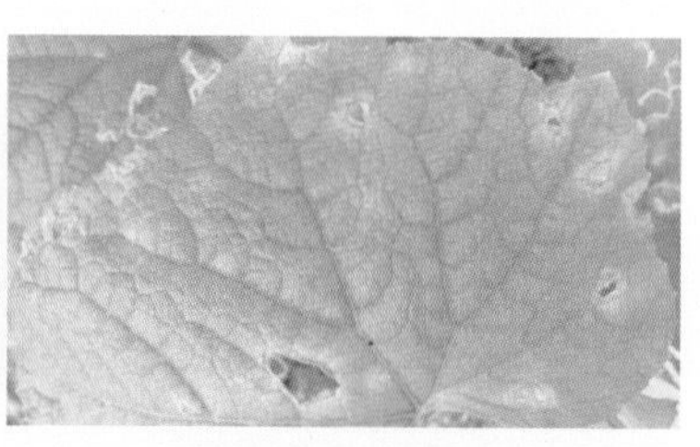

黄瓜炭疽病症状

西瓜炭疽病症状

十六、瓜类细菌性角斑病

细菌角斑很常见，主要危害瓜叶片，
初生叶背水渍点，病斑扩大叶脉限，
多角形带黄晕圈，病斑较小无霉产，
湿时病部菌脓显，后期淡褐污白变，
严重几天叶片干，特重也致果实烂，

细菌初侵近地叶，适温高湿向上传。
种子消毒是关键，轮作换茬加强管。
农药预防更保险，中生（菌素）叶枯（唑）药可选，
铜制剂药亦可用，还有氯溴（异氰尿酸）可轮换。
间隔十天喷一遍，细菌病害很少见。

黄瓜细菌性角斑病叶片正面症状

黄瓜细菌性角斑病叶片背面症状

十七、黄瓜半知菌类病害

半知菌类病害多，黄瓜常发六类型，

黑星（病）靶斑（病）和炭疽（病），斑点（病）黑斑（病）红粉病，有时只生一两种，有时混合大发生。
棚室黑星靶斑多，露地炭疽斑点重。

黑星主害幼嫩处，初似病毒退绿点，
进而扩大黄褐斑，后呈星状开裂穿（孔），
周围带有黄晕圈，大小不受叶脉限。
嫩茎染病呈梭形，暗绿凹（陷龟）裂胶物现。
瓜果染病暗绿圆，胶物结块疮痂斑。

靶斑主害中下叶，病斑不规（则）或近圆，
外缘黄褐中灰白，病斑隆起带晕环。
还有多角（型）或小斑（型），误当霜霉或角斑。
严重病斑连成片，误治就会大减产。

全（生育）期炭疽均发生，初是水浸小斑点
后扩较大黄褐斑，同心轮纹上边显，
干时龟裂生黑点，湿时粉红黏物产。
高温高湿快发展，易与其他病害辨。

红粉主害是叶片，圆形（或）不规（则）浅褐斑，
斑薄易裂生红粉，后致干枯或腐烂。
斑点黑斑病斑小，症状有点像靶斑（小型斑），
主害中下部叶片，田间很难细分辨。
一家兄弟六七个，面异却有共同点。

种子带菌传播远，残体越冬初侵染，
再借气流雨水传，适温高湿速发展。
抗病品种要先选，种子处理把好关。
配方施肥要搞好，各种元素施齐全。
科学管理要加强，合理密植强排灌。
利于黄瓜条件创，植株健壮病不染。

发病前期药剂防，百代嘧菌（酯）早喷上，
甲托异菌（脲）丙森锌，氢氧化铜轮喷上。
发病初期配药治，苯醚（甲环唑）配上咪鲜胺，
氟硅（唑）戊唑（醇）腈菌唑，喹啉铜药加里面，
吡唑（醚菌酯）氟啶（菌酰胺）肟菌酯，苯甲嘧菌代森联，
农药较多难写全，当地指导把药选。
七天一遍交替用，就能控制不发展。

黄瓜黑星病症状

黄瓜靶斑病症状

黄瓜斑点病症状

十八、西甜瓜细菌性角斑病

细菌角斑最常见，主要危害是叶片，
期初叶背水渍点，病斑扩大叶脉限，
多角形带黄晕圈，后期淡褐污白变，

湿时病部菌脓显，特重也致果实烂。
细菌初侵近地叶，适温高湿向上传。
种子消毒是关键，轮作换茬加强管。
农药预防更保险，春雷（霉素）叶枯（唑）药可选，
铜制剂药也可用，还有氯溴（异氰尿酸）可轮换。
间隔十天喷一遍，细菌病害很少见。

甜瓜叶背面细菌性角斑病症状

甜瓜叶正面细菌性角斑病症状

十九、西甜瓜果斑病

果斑病是细菌性，我国近年才发生。
种子带菌初侵染，高温高湿大流行。
各个时期均可生，主要表现叶果病，
真叶病初水渍棕，黄色晕圈多角形，
有时叶片不显症，传到果实显病症。

西瓜初感水渍斑，逐步扩大褐裂烂。
甜瓜初感水渍圆，斑小扩展不明显，
逐步变成黑褐色，果皮开裂内部烂。
加强检疫防病串，农业防治是重点。
细菌药剂常喷雾，果斑角斑都少见。
春雷王铜叶枯唑，还有氯溴异（氰）尿酸，
荧光假胞可轮换，发病再治为时晚。

甜瓜果斑病症状

甜瓜果斑病瓜内症状

二十、十字花科霜霉病

十字花科霜霉病，叶片受害最普遍。
正面常显黄色斑，多角不规叶脉限（受叶脉限制），
湿时背面白霉现，严重病斑连成片，
叶片枯黄满田见，储存期间容易烂。
种株染病自下边，向上蔓延梗荚弯，
潮湿都有白霜霉，结实不良产量减。

病原真菌霜霉属，低温高湿气流传。
选好品种适时播，茬口合理加强管。
发病前期药来防，百代嘧菌药可选。
发病初期及时治，吡唑醚菌代森联，
噁唑菌酮霜脲氰，烯酰吗啉水分散，

氟吗（锰锌）噁霜（锰锌）氰霜唑，甲霜（灵）霜霉（威）盐酸盐。

不同农药常轮换，尽量喷到叶背面。

七至十天喷一遍，连喷几次无病染。

结合治虫来预防，一喷多效省时间。

白菜苗期叶片背面霜霉病症状

萝卜叶片正面霜霉病症状

萝卜叶片背面霜霉病症状

油菜花荚期霜霉病症状

二十一、白菜软腐病

白菜软腐细菌染，莲座（期）包心（期）田间现。
基腐心腐和外腐，三种症状田间显。
基腐先是中午蔫，早晚恢复连数天。
外叶平展贴地面，心部（叶球）外露基部烂。
心腐先从（叶）球顶侵，后使叶球内腐烂，
外腐先是基部染，后致外叶柄腐烂。
烂处灰褐黏稠物，近闻恶臭刺鼻感。
（病叶）晴天日晒失水干，紧贴叶球薄纸般。

（细菌）通过水肥昆虫传，伤口入侵把病感，
连作洼地播种早，包心（期）阴雨易发展。
早选青帮抗病种，避开十字花科田，
科学施肥起垄种，适期晚播加强管，
合理灌排及治虫，减少伤口防病染。
莲座（期）就用药来防，两至三次无病感，

农药首选铜制剂，氯溴异氰（尿酸）来轮换，
中生菌素亦可用，更有辛菌胺（醋）酸盐。
加上钙肥杀虫剂，一喷三效还增产。

白菜莲座期软腐病症状

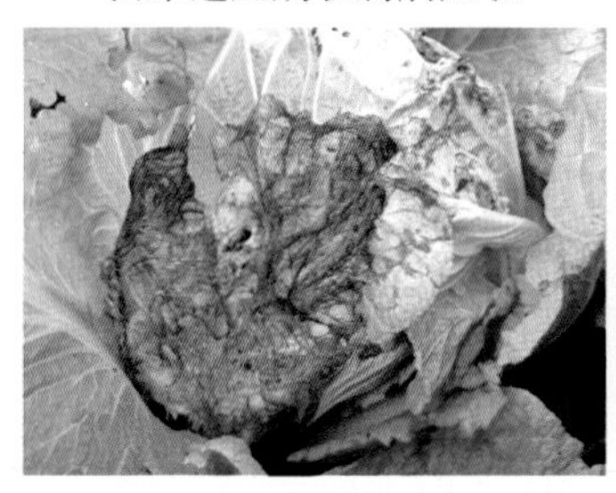
白菜软腐病严重危害症状

白菜包心期软腐病症状

二十二、葱类霜霉病疫病

葱类霜霉病普遍，叶片花梗是重点。
外叶中上（部）先感染，上下及心（叶）再蔓延。
病斑淡黄绿至白，边缘无显呈椭圆（或纺锤形）。
（湿时）白色茸霉生表面，后转淡黄叶枯干。
基部感病植株矮，畸形扭曲叶片变。

花梗花器也感染，种子带菌产量减。
假茎感病系统染，株矮叶畸白霉产。
天干霉消斑变薄，条件适宜霉重现。

疫病初现弱斑点，颜色青白不明显，
湿度大时白霉现，天气干燥霉不见。
后大灰白叶枯干，上部干枯下垂卷。

霜霉疫病卵菌门，低温高湿气流传。
三月中至五月上（旬），最易感病的时间。
耐抗品种要先选，把好种苗处理关。
清残轮作科学管，早喷农药到田间。
发病之前就预防，百（菌清）代（森锰锌）嘧菌（酯）药可选。
发病初期及时治，吡唑醚菌代森联，
噁唑菌酮霜脲氰，烯酰吗啉水分散，
氟吗（锰锌）噁霜（锰锌）氰霜唑，甲霜（灵）霜霉盐酸盐。
不同农药常轮换，高效助剂加里面。
预防间隔八九天，严重治疗二三天。

洋葱疫病发病与未发病对比

洋葱疫病症状（治愈后）

葱霜霉病初期症状

葱霜霉病后期症状

二十三、葱蒜锈病

葱蒜锈病较常见，春秋两季均发生。
生长后期易感病，主侵叶片梗与（假）茎。
初为凸起退褪斑，梭形纺锤或椭圆。
后呈疱斑棕黄色，四周带有黄晕环，
橙黄粉末铁锈般（夏孢子），深秋暗褐色转变（冬孢子）。
严重病斑连成片，全叶枯黄产量减。

葱柄锈菌担子门，适温高湿气流传。
选好地块常轮换，配方施肥科学管。
合理密植与浇灌，植株强壮病少染。
定期喷药来预防，百代嘧菌可轮换。
发病普遍喷药治，唑类杀菌就可管。
腈菌（唑）丙环（唑）戊唑醇，烯唑（醇）三唑（酮）可轮换。
七至十天喷一遍，二至三遍无病染。

葱锈病症状

大蒜锈病症状

二十四、葱蒜紫斑病

紫斑（病）危害葱韭蒜，严重危害其生产。
各个时期均危害，前期较轻后易感。
主要危害是叶片，初呈稍凹白色点，
后渐扩大紫褐斑，形（状）呈纺锤或椭圆，
同心轮纹很明显，周围带有黄晕圈。
湿时生有黑褐霉，严重斑大易折断。

葱链格孢真菌传，气流雨雾孔口染，
温暖潮湿是条件，生长后期病普遍。
农业防治是重点，化学防治更关键。
药剂拌种病轻晚，发病之初用药管。
噁霜锰锌异菌脲，苯甲嘧菌（酯）可轮换。
高效助剂加里面，七至十天喷一遍。

葱紫斑病发生初期症状

葱紫斑病发生后期症状

二十五、莴苣菌核病

莴苣菌核（病）较常见，发病严重（时）全田烂。
初为黄褐水渍状，渐扩导致根茎烂，
湿时密生菌丝团，白色浓密如絮棉，
后变球状色加深，形成菌核鼠粪般。

残体菌核土中藏，适温高湿发生狂，
连作加上密度大，氮多徒长危害强。
轮作换茬清残体，各项管理要加强，
发现病株急清理，并喷药剂全田防。
菌核净加克菌丹，腐霉利配福美双，
异菌脲加多菌灵，甲基硫菌（灵）轮喷上。
七至十天喷一次，二至三次无病上。

莴苣菌核病症状